Rahma SAID

Genótipos AKAP lbc e implicações para a investigação sobre GVH

Rahma SAID

Genótipos AKAP lbc e implicações para a investigação sobre GVH

GenótiposAKAP lbc e impacto na investigação de GVH em receptores de transplante de células estaminais hematopoiéticas

ScienciaScripts

This book is a translation from the original published under ISBN 978-620-6-70214-6.

Publisher:
Sciencia Scripts
is a trademark of
Dodo Books Indian Ocean Ltd. and OmniScriptum S.R.L publishing group

120 High Road, East Finchley, London, N2 9ED, United Kingdom
Str. Armeneasca 28/1, office 1, Chisinau MD-2012, Republic of Moldova, Europe
Printed at: see last page
ISBN: 978-620-7-65676-9

Índice

INTRODUCTIO N

Os antigénios menores de histocompatibilidade (AgMHs) são péptidos endógenos, polimórficos e imunogénicos que podem induzir reacções imunitárias mediadas por células e humorais entre indivíduos HLA genoidênticos. No transplante alogénico de células estaminais hematopoiéticas (HSC), estes antigénios representam o principal alvo da doença do enxerto contra o hospedeiro (GVHD) e da doença do enxerto contra a leucemia e as células tumorais (GVL e GVT). A descoberta destes AgMH foi feita em 1948 por Snell, na sequência do desencadeamento de reacções imunitárias e do aparecimento de complicações pós-transplante em receptores de HSC.

No presente estudo, estávamos interessados em estudar o polimorfismo do gene *AKAP lbc* que codifica o antigénio de histocompatibilidade menor HA-3.

No laboratório do Centre National de Transfusion Sanguine (CNTS), foi-nos pedido que desenvolvêssemos uma técnica de genotipagem molecular simples e rápida aplicável a este gene, a fim de estudar o seu polimorfismo molecular na população tunisina.

Os resultados deste estudo servirão de base para outros ensaios clínicos em doentes transplantados tunisinos.

I. Histocompatibilidade
I.1 Definição

A histocompatibilidade ou compatibilidade de tecidos é a capacidade de os tecidos se tolerarem mutuamente. Envolve principalmente dois grupos de antigénios dos quais depende o sucesso de um transplante de células estaminais hematopoiéticas (HSC) ou de órgãos sólidos. O primeiro é o grupo dos principais antigénios de histocompatibilidade conhecidos nos seres humanos como HLA (Human Leukocyte Antigen). O segundo é o grupo de antigénios não HLA ou antigénios de histocompatibilidade menores (AgMHs).

I.2 Antecedentes

Os primeiros transplantes de medula óssea humana foram realizados em 1957 por Donnall Thomas, em Nova Iorque, que foi galardoado com o Prémio Nobel da Medicina em 1990, tendo resultado na morte de 6 receptores em menos de três meses (Thomas. ED et al., 1957). Estes estudos foram realizados numa altura em que o conceito de histocompatibilidade não existia. Os fundamentos da histocompatibilidade foram lançados em 1958 pelo médico francês Jean Dausset (Prémio Nobel da Medicina em 1980) (Dausset.J ,1958).

I.3 Antigénios de histocompatibilidade

I.3.1. Antigénios principais de histocompatibilidade (HLA)

a. Informações gerais

A histocompatibilidade major consiste num grupo de antigénios tecidulares que formam o que é conhecido como o complexo de histocompatibilidade major MHC ou HLA (Cesbron-Gautier.A et al., 2007). Historicamente, o conceito de histocompatibilidade major foi desenvolvido há mais de 60 anos. As reacções de leucoaglutinação observadas com os soros de indivíduos politransfundidos e com certos soros de mulheres multíparas permitiram a Dausset, em 1954, avançar a hipótese da existência de aloantigénios leucocitários e, posteriormente, chamar-lhes antigénios HLA (Dausset.J, 1958). O papel do sistema HLA na resposta alogénica levou ao desenvolvimento de ferramentas para analisar o seu polimorfismo. A introdução da microlinfocitotoxicidade dependente do complemento permitiu testar a reatividade do imuno-soro aos linfócitos de indivíduos não relacionados e descrever as moléculas HLA de classe I. Reacções de ativação após culturas mistas de linfócitos levou à identificação das moléculas HLA de classe II (Terasaki.Pi et al., 1964). Estudos fundamentais e clínicos efectuados nas duas últimas décadas permitiram determinar as principais características deste sistema, tais como a codominância dœalelos, a estreita ligação entre os diferentes genes da região HLA, a sua transmissão haplotípica e o desequilíbrio na ligação de certos loci (Colombani.J, 1993; Schwartz.B, 1994).

b. Genética do sistema HLA

Com o avanço e o aperfeiçoamento de certas técnicas de genética molecular, foi muito fácil identificar a localização exacta dos genes HLA, as suas disposições e orientações. Estas técnicas permitiram identificar numerosos genes que codificam os antigénios HLA clássicos implicados nas reacções imunitárias (antigénios HLA de classe I e HLA de classe II), genes mais ou menos relacionados com os genes HLA clássicos e genes aparentemente não relacionados com as funções imunitárias mas pertencentes a esta região cromossómica (HLA de classe III) (Schwartz.B, 1994). O locus HLA está localizado no braço curto do cromossoma 6 (6p21.3) e ocupa aproximadamente 5000 Kb (Klein.J e Sato.A, 2000) (Figura 1). A sequência completa deste locus, que foi amplamente identificada, contém mais de 200 genes agrupados em três classes: a classe I contém os genes HLA -A, -B, -C, -E, -F e -G, a classe II contém os genes DR, DQ e DP e a classe III contém os genes entre as duas classes anteriores.

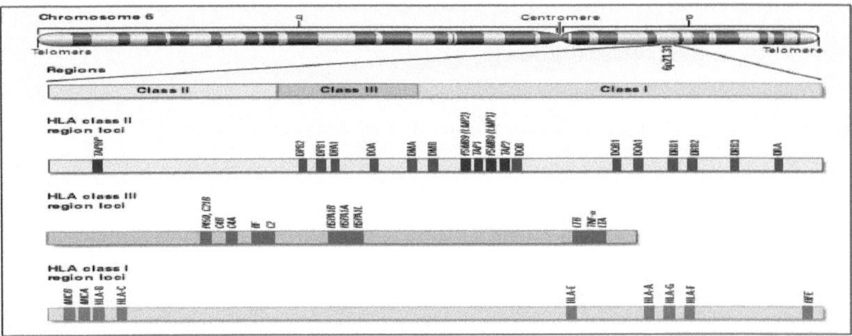

Figura 1: Localização cromossómica dos genes do sistema HLA. (Klein.J e Sato.A, 2000)
c. Estrutura molecular das proteínas HLA de classe I e II

Dado o seu envolvimento na maioria das reacções imunitárias, as moléculas HLA de classe I e II constituem o sistema imunogenético mais extensivamente estudado até à data. São responsáveis pela apresentação de péptidos endógenos e exógenos aos linfócitos T, com o objetivo de manter a integridade do organismo. Estas moléculas desempenham também um papel crucial na determinação do sucesso ou insucesso de qualquer transplante de órgãos ou tecidos, uma vez que são o suporte físico dos antigénios HLA.

❖ **Estrutura molecular das proteínas HLA de classe I**

As moléculas HLA de classe I são heterodímeros de glicoproteínas transmembranares compostas por uma cadeia pesada α glicosilada associada de forma não covalente a uma cadeia leve de β2-microglobulina (Klein.J e Sato.A, 2000; Cesbron-Gautier.A et al., 2007). Esta última é codificada por um gene localizado fora da região HLA no cromossoma 2. A cadeia α é constituída por 345 aminoácidos e está organizada em 3 regiões, como mostra a figura 2 abaixo:

> Uma região C-terminal intracitoplasmática (30 a 35 aminoácidos).

> Uma região transmembranar (26 aminoácidos).

> Uma região extracelular subdividida em três domínios α1, α2 e α3, cada um dos quais com cerca de 90 aminoácidos de comprimento. Os domínios α1 e α2 contêm cada um uma ponte de di-sulfureto.

A estrutura tridimensional das moléculas HLA de classe I foi descrita desde 1987. No topo da molécula há um sulco formado por duas hélices α paralelas, que formam a borda, e 8 folhas β antiparalelas, que formam o piso.

Esta ranhura é formada pelos domínios α1 e α2 e constitui o local de ligação do péptido (Schwartz.B, 1994).

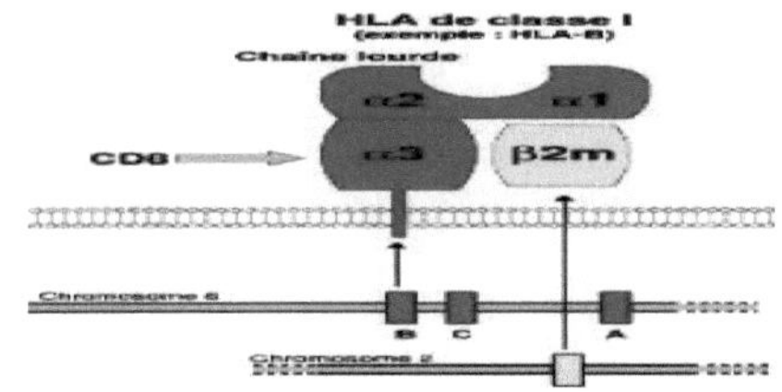

Figura 2: A estrutura esquemática da molécula HLA de classe I

(Klein.J e Sato.A, 2000; Cesbron-Gautier.A et al., 2007)

❖ **Estrutura molecular das proteínas HLA de classe II**

As moléculas HLA de classe II são formadas por duas cadeias de glicoproteínas transmembranares associadas de forma não covalente (Figura 3) (Klein.J e Sato.A, 2000; Cesbron-Gautier.A et al., 2007). Cada molécula HLA de classe II é constituída por uma cadeia α e uma cadeia β, cada uma das quais compreende :

> Dois domínios extracelulares N-terminais α1 e α2 para a cadeia α e β1 e β2 para a cadeia β. Cada domínio tem aproximadamente 90 aminoácidos de comprimento.

> Um domínio transmembranar.

> Um domínio intracitoplasmático C-terminal.

A molécula HLA de classe II tem uma simetria de domínios α1/β1, por um lado, e domínios α2/β2, por outro. A sua estrutura tridimensional é comparável à da molécula HLA de classe I. Os domínios de imunoglobulina α2 e β2 justa-membranares suportam os domínios α1 e β1 N-terminais, que, juntamente com uma plataforma β dobrada e duas hélices α, formam o local de apresentação do péptido (Klein.J e Sato.A , 2000; Cesbron-Gautier.A et al., 2007).

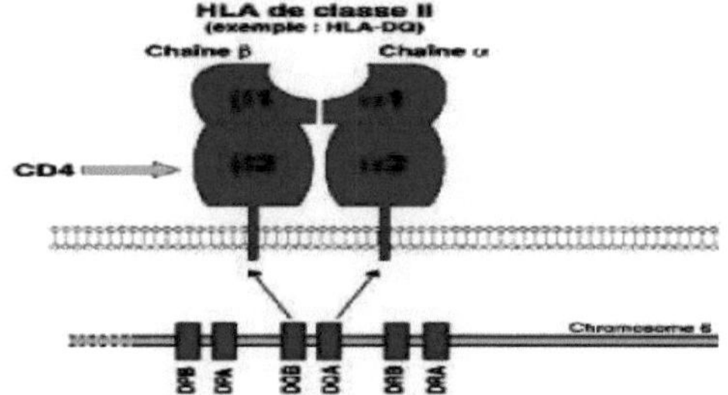

Figura 3: Estrutura esquemática da molécula HLA de classe II
(Klein.J e Sato.A, 2000; Cesbron-Gautier.A
et al., 2007)

d.Distribuição tecidular das moléculas HLA de classe I e II

❖ **Distribuição tecidular das moléculas HLA de classe I**

As moléculas HLA clássicas de classe I são expressas na superfície de todas as células nucleadas, com exceção do sistema nervoso central (Colombani.J, 1993). São observadas diferenças quantitativas consoante o tipo de célula e o locus. Em contrapartida, a expressão de HLA-G, HLA-E e HLA-F é limitada a determinados tecidos

(Carosella.ED et al., 2000).

As moléculas HLA de classe II são expressas de uma forma mais restrita do que as moléculas HLA de classe I. Apenas as células apresentadoras de antigénios expressam estas moléculas, nomeadamente os linfócitos B, os macrófagos, as células de Langerhans, as células dendríticas e os linfócitos T activados (Colombani.J, 1993).

I.3.2. Antigénios de histocompatibilidade menor ou antigénios não HLA

O conceito de antigénios não HLA foi especialmente desenvolvido para designar o grupo de antigénios codificados por genes herdados independentemente da região HLA clássica. Este grupo, posteriormente designado por grupo de antigénios de histocompatibilidade minor, foi descoberto após o aparecimento de complicações graves em doentes transplantados com células estaminais hematopoiéticas (HSCs) de dadores HLA-idênticos. De seguida, apresentamos as características genéticas e bioquímicas destes antigénios, bem como as suas implicações clínicas e o interesse do seu estudo.

II Antigénios menores de histocompatibilidade (AgMHs)
II.1. Geral

A atenção à histocompatibilidade minor (histocompatibilidade não HLA) aumentou após a menção do seu papel nas complicações pós-transplante de células estaminais hematopoiéticas e de órgãos sólidos que ocorrem mesmo em contextos HLA-idênticos. Historicamente, a descoberta dos antigénios de histocompatibilidade minor (AgMHs) ou antigénios não HLA remonta aos estudos realizados por George Davis Snell em 1948, quando diferenciou a histocompatibilidade minor da major (Snell.G,1948). Desde então, o conceito de histocompatibilidade minor desenvolveu-se, mas muito lentamente em comparação com o boom na investigação do sistema HLA e dos seus genes associados. Os antigénios de histocompatibilidade minor são aloantigénios derivados de proteínas endógenas polimórficas capazes de gerar reacções aloimunes entre indivíduos HLA genoidênticos (Goulmy.E, 1996; Spierings.E et al., 2007; Spencer.Ch et al., 2010). São, na maioria das vezes, péptidos constituídos por 8 a 11 aminoácidos e a sua apresentação restringe-se às moléculas HLA de classe I e de classe II (Goulmy.E, 1996) (Quadro I).

Quadro 1: Características dos antigénios humanos de histocompatibilidade menor (AgMHs) (Spencer.Ch et al.,2010)

AgMHs	Distribuição dos tecidos	Moléculas HLA	Gene /cromossoma	Péptidos (variação)
HA-1	Hematopoiéticas Tumores sólidos	HLA-A0201 HLA-B60	HMHA1/19p13	VLHDDLLEA Variação na posição (3) e (6)
HA-2	Hematopoiético	HLA-A0201	MYO1F/7p12p13	VIGSVLISV Não descrito
HA-3	omnipresente	HLA-A0101	LBC/15q24-25	VTEPGTAQY Variação de posição (2)
HA-8	Ubíquo	HLA-A0201	KIAA0020/9p.24	RTLDKVLEV Variação na posição (1) e (9)
HB1	Hematopoiético	HLA-B4403	HMHB1/5q31-32	EEKRGSLHVW Variação de posição (8)
ACC1	hematopoiético	HLA-A2402	BCL2A1/15q25.1	DLYQCVLOI Variação de posição (8)
ACC2	Hematopoiético	HLA-B4403	BCL2A1/15q25.1	KEFEGIINW Variação em posição (6)
UGT2B17	Hematopoiético	HLA-A0206 HLA-A2909 HLA-B4403	UGT2B17/4q13.2	CVATMI FMI AELLNIP FLY Supressão nas posições (2) e (10)
LRH1	Hematopoiéticas Tumores sólidos	HLA-B0702	P2X5	TPNQRQNVC Polimorfismo frame shift
HwA9	Hematopoiético	HLA-0301	SP110/2q37.1	SLPRGTSTPK Variação na posição 4
PANE1	Hematopoiético (B Linfóides)	HLA-0301	HwA10/22q13.31	RVWDLPGVLK SNP na posição (1)
HwA11	Tumores sólidos	HLA-A0201	C19orf48/19q13	CIPPDSLL FPA SNP
ECGF1	Tumores sólidos	HLA-B0702	ECGF1	RPHAIRRPLAL Variação em posição (3)
SSHWC	Hematopoiético	HLA-A3101 HLA-A3303	CTSH/15q25.1	ATLPLLCAR WATLPLLCAR a segunda variante não existe
ADIR	Hematopoiéticas ; tumores sólidos	HLA-A0201	ADIR/1q25.1	SVAPALALFPA SNP na posição (9)
ACC6	Ubíquo	HLA-B4403	HMSD/18q22	MEIFIEVFSHF variação em posição (7)
HY-A1	Ubíquo	HLA-A0101	DFFRY/Yq11.1	IVDCLTEMY Variação na posição 4
HY-B7	Ubíquo	HLA-A3303 HLA-B0702	SMCY /Yq11.1	FIDSYICQV Variação ? SPSVDKARAEL Alterar(8)
HY-A4	Ubíquo	HLA-A3303	TMSB4Y/Yq11.2	EVLLRPGLHFR Variação?
HY-B60	Hematopoiético	HLA-B0801	UTY/Yq11.1	LPHNRTDL Variação na posição 5
HY-B4	Tumores sólidos hematopoiéticos	HLA-B5201	RPS4Y/Yp11.3	TIRYPDPVI alteração da posição(8)

II.2.   Genética dos AgMHs

Os AgMH são péptidos pertencentes a uma variedade de proteínas cuja exposição celular é, na maioria das vezes, do tipo membrana externa. Geneticamente, estas proteínas são codificadas por genes portadores de polimorfismos alélicos localizados fora da região HLA clássica e, por conseguinte, herdados independentemente do locus HLA (Goulmy.E, 1996; Spencer.Ch et al., 2010).

A localização cromossómica destes genes varia de autossómica a gonossómica (Perreault.C et al., 1998; Malarkannan.S et al., 2005) (quadro I). Em teoria, qualquer proteína polimórfica de origem interna pode ser um candidato a portador de um ou mais AgMHs (Goulmy.E, 1996). Basicamente, o mecanismo genético básico que está na origem deste grupo de antigénios é, sem dúvida, o polimorfismo genético, o que torna difícil encontrar uma identidade fenotípica perfeita entre dois indivíduos, exceto nos gémeos monozigóticos ou "idênticos".

❖ **Polimorfismo de nucleótidos**

A diversidade fenotípica entre indivíduos é geralmente atribuída a variações nas sequências de nucleótidos que constituem os seus genomas. Dos três mil milhões de bases que constituem o genoma humano, 99,9% são idênticas de um indivíduo para outro. Os restantes 0,1% representam as variações ou polimorfismos que estão na base das diferenças entre indivíduos. Aproximadamente 90% destas variações são polimorfismos de nucleótido único (SNPs) e 10% são inserções/deleções ou repetições em tandem (VNTRs) (Ameziane.N et al., 2005). Ao nível do gene, estas variações podem estar localizadas em todo o gene ou numa única região, ou seja, região codificante, não codificante ou reguladora

(Figura 4). Diz-se que um gene (locus) é polimórfico se existir em pelo menos duas formas (alelos) numa população e se a menor frequência alélica (MAF) for

maior ou igual a 1 (Ameziane.N et al., 2005).

Figura 4: Possíveis localizações de polimorfismos num gene (Ameziane.etal.,2005)

II.2.1. Polimorfismos de múltiplos nucleótidos

Os polimorfismos multi-nucleotídicos correspondem à existência de um número variável de repetições de um determinado motivo numa sequência de ADN. Estas sequências repetidas em cadeia são comuns no genoma. Em função do tamanho do motivo e do número de repetições, distinguem-se os satélites, os minissatélites e os microssatélites (Le Morvan.Vet al., 2005).

II.2.1.1 Polimorfismos de nucleótido único

II.2.1.1.1. RFLPs

Os RFLP são variações pontuais na sequência de ADN reveladas por modificações no mapa de restrição. O tamanho dos fragmentos de ADN varia após tratamento com uma enzima de restrição, daí o nome RFLP (Restriction Fragment Length Polymorphism). Correspondem a mutações pontuais que eliminam ou criam um local de restrição. Os RFLP foram utilizados para estabelecer os primeiros mapas genéticos em humanos. Estes polimorfismos RFLP estão a ser gradualmente abandonados em favor dos SNP, que são mais numerosos e mais fáceis de digitar e interpretar.

Os SNP, pronunciados "snips" ou Polimorfismos de Nucleótido Único, são as variantes genéticas mais frequentemente encontradas no genoma humano. Estes polimorfismos são definidos pela coexistência de, pelo menos, duas bases diferentes num determinado ponto do genoma, quer por substituição (substituição de um nucleótido por outro), quer por eliminação ou inserção de uma base (Collins.A et al.,1999). Estes SNP são quase exclusivamente bi-alélicos e constituem uma das principais fontes de variação genética e fenotípica inter-individual. Estão associados à diversidade entre populações e a diferenças na suscetibilidade a doenças. Os SNP estão distribuídos ao longo do genoma humano a uma densidade de cerca de 1/300 pares de bases (pb). Estes SNP podem estar localizados em exões, intrões, regiões não traduzidas (UTRs) ou regiões intergénicas (Doris.PA ,2002). Um grande número destes SNP, apesar das variações que provocam nas partes codificantes e/ou reguladoras de um gene, não afectam geralmente nem a função do gene nem a da proteína codificada, sendo por isso designados por polimorfismos neutros. Em alguns casos, estes polimorfismos podem levar à alteração da proteína por substituição de aminoácidos (SNPs não sinónimos), por alteração do splicing ou da regulação transcricional ou pós-transcricional, sendo designados por polimorfismos funcionais.

II.2.2 Polimorfismo de nucleótidos e AgMHs

Os AgMHs são originalmente péptidos pertencentes a uma variedade de proteínas transmembranares endógenas expostas externamente. Geneticamente, estas proteínas são codificadas por genes que contêm maioritariamente polimorfismos alélicos do tipo SNP (Malarkannan et al., 2005). Foi sugerido que uma única proteína deste tipo pode contribuir, após degradação, para a formação de um ou mais péptidos imunogénicos e, por conseguinte, de um ou mais AgMHs. Também foi demonstrado que a maioria destes antigénios resulta de um único polimorfismo de nucleótidos, mas há outros que resultam de dois polimorfismos, como é o caso do antigénio HA-1 (Spencer.Ch et al., 2010). Geralmente, estes antigénios são produtos de substituições de nucleótidos sem sentido (SNPs não sinónimos) que causam alterações de aminoácidos nas proteínas transportadoras, como no caso do HA-3, HA-8, etc. Também são produtos de substituições sem sentido, como no caso do PANE1, e são produtos de deleções de nucleótidos (Murata.M et al., 2003).

II.2.1. Mecanismo de geração e apresentação de AgMHs

As proteínas são constantemente renovadas, em função da sua importância e do seu papel biológico, por processos bioquímicos sob a vigilância do sistema imunitário. De facto, o paradigma da imunotolerância do "eu" e da eliminação do "não-eu" assenta, em grande medida, na vigilância exercida pelos linfócitos T citotóxicos. Esta vigilância é possível graças a um sistema celular de processamento de proteínas, que fornece amostras de péptidos às moléculas HLA de classe I expressas na superfície celular (Warren.D, 2007). Para produzir continuamente, de forma fiel e quase em tempo real, uma gama de péptidos representativos do universo das proteínas fabricadas pela célula, este sistema explora vias fundamentais do metabolismo celular, às quais associa certos actores com uma função mais especializada. Por exemplo, um componente-chave do metabolismo proteico celular, o proteassoma (protease citosólica), é explorado como fonte de péptidos, retirando uma pequena fração de péptidos para a vigilância imunitária (Figura 5). A este nível, as proteínas endógenas são degradadas a partir da região C-terminal em péptidos de 4 a 24 aminoácidos. Apenas uma fração de 15% destes péptidos terá um bom tamanho e pode, portanto, ser apresentada pelas moléculas HLA de classe I aos linfócitos CD8. Os outros péptidos são curtos ou mais longos do que o tamanho necessário para a apresentação antigénica. Podem ser encurtados no lado NH2-terminal por actividades de aminopeptidase presentes no citosol ou no retículo endoplasmático. Os péptidos formados são então translocados do citoplasma para o retículo endoplasmático através de 2 transportadores de péptidos (Transporter properdine) TAP1 e TAP2 codificados por um gene localizado na região HLA. Ao chegarem ao retículo endoplasmático, estes péptidos associam-se a moléculas HLA de classe I organizadas num grande complexo tetramérico. É a associação da cadeia pesada α, da microglobulina β2 e do péptido que permite à molécula HLA chegar à superfície celular através dos compartimentos do aparelho de Golgi. A este nível, os antigénios ligados aos ligandos das moléculas HLA serão expostos na superfície celular aos linfócitos T CD8. No caso do transplante de HSC, o reconhecimento destes péptidos pelos linfócitos T do dador infundidos com o enxerto hematopoiético pode, na maioria dos casos, desencadear respostas imunitárias que são geralmente fatais (Malarkannan.S et al., 2005 ; Spencer.Ch et al., 2010).

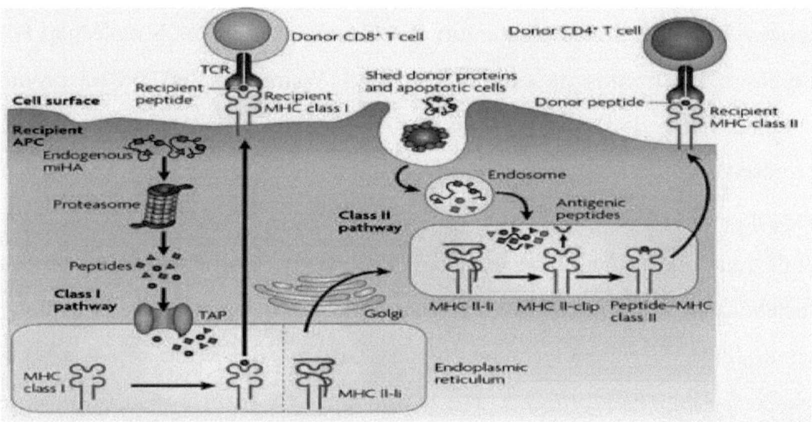

Figura 5: Geração e apresentação de AgMHs por moléculas HLA de classe I/II
(Warren.D2007)

Uma segunda situação pode ocorrer quando as proteínas são de origem exógena. Neste caso, é necessária uma etapa de internalização e degradação para preparar os péptidos para a apresentação antigénica. Estes péptidos são então apresentados por moléculas HLA de classe II, que são especializadas na apresentação antigénica aos linfócitos T CD4. Em geral, seja qual for a situação, os CPAs que expressam AgMHs desempenham um papel vital durante o processo de aloreactividade imunitária.

II.2.2 Métodos de identificação de AgMHs

A identificação do tecido que expressa um antigénio menor candidato é um processo bastante complicado que requer pelo menos duas etapas (Malarkannan.S et al.,2005):

- Uma fase de purificação (estudo bioquímico) em que os péptidos são extraídos e purificados dos TCR dos linfócitos através de vários métodos, o mais conhecido dos quais é a cromatografia líquida de alta resolução (HPLC) (Malarkannan.S et al., 2005).

- Uma fase de decifração (estudo genético) em que as sequências de aminoácidos serão sequenciadas e alinhadas com sequências conhecidas, a fim de determinar as proteínas candidatas a transportadoras. Esta fase requer um blast com matrizes publicadas nas bases de dados PDB (Protein Database Bank) e GenBank (NCBI Gene Bank).

- Uma vez identificado o antigénio candidato, o passo seguinte será localizar os tecidos que expressam o antigénio candidato.

II.3 Distribuição tecidular de AgMHs

Para as poucas dezenas de antigénios menores identificados, estudos especializados mostraram que existem dois tipos de distribuição nos tecidos (Quadro I):

➢ A primeira distribuição é ubíqua: os antigénios menores estão presentes em todas as células do corpo. Os exemplos i n c l u e m os antigénios menores codificados pelo cromossoma Y (HY) e certos antigénios codificados pelos autossomas, como o HA-3 e o HA-8 (De Bueger.M et al., 1992; Brickner.A et al., 2001; Malarkannan.S et al., 2005).

> A segunda distribuição é restrita a um tecido ou a um grupo de células, tais como AgMHs da linhagem hematopoiética HA-1, HA-2 HB-1 e PANE1. A distribuição também pode ser limitada a células tumorais ou a células tratadas com interferão gama (INF-γ) ou fator TNF (De Bueger.M et al., 1992; Dolstra.H et al., 1997; Warren.EH et al., 2002; Malarkannan.S et al., 2005).

A imunodominância dos AgMHs é um conceito recentemente introduzido para expressar a diferença entre estes antigénios em termos de imunogenicidade (Perreault et al., 1998; Shlomchik, 2007). Trata-se de um novo paradigma em que o grupo de AgMHs é subdividido em dois subgrupos:

> Um primeiro subgrupo que reúne todos os antigénios cuja imunogenicidade é muito forte e o seu impacto na ocorrência de certas complicações é muito claro. A este respeito, são designados "antigénios imunodominantes menores", tais como HA-1,HA-2,PECAM-1,HA-3,HA-8,SP110 e PANE1 (Rufer et al.,1998; Maruya et al.,1998 ; Spencer.Ch et al., 2010).

> Um segundo subgrupo que inclui todos os antigénios menores com um poder imunogénico relativamente baixo. A intensidade das reacções imunitárias que envolvem estes péptidos é geralmente muito inferior à dos antigénios imunodominantes.

II.4 Implicações clínicas das AgMHs
❖ **AgMHs e transplante de células estaminais hematopoiéticas**

Quando são transplantadas HSCs HLA-idênticas, são reunidos dois tipos de células imunitárias de origens diferentes: células do hospedeiro portadoras dos antigénios de histocompatibilidade minor do hospedeiro e células do enxerto portadoras dos antigénios de histocompatibilidade minor do dador (Figura 6). Com exceção dos transplantes gemelares verdadeiros, esta coexistência celular é, na maioria das vezes, acompanhada de incompatibilidade ao nível dos AgMHs, o que poderá estar na origem de dois tipos de reacções alogénicas. O primeiro tipo de reação envolve reacções dirigidas pelo hospedeiro contra o enxerto (HVG), classicamente conhecidas como "rejeição". O segundo tipo é a doença do enxerto contra o hospedeiro (GVHD), no caso de o hospedeiro estar

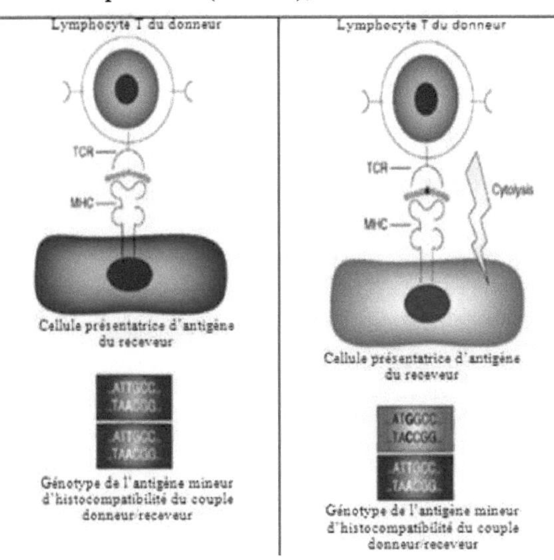

imunocomprometido.

Figura 6: Mecanismo de reconhecimento dos AgMHs receptores pelos linfócitos T do dador (Xin.F et al., 2008)

II.4.1. Reação ou rejeição do hospedeiro contra o enxerto (HVG)

A rejeição ou HVG (efeito hospedeiro versus enxerto) é uma complicação rara (menos de 2%) que pode ocorrer após o transplante de células estaminais hematopoiéticas entre indivíduos HLA geno-idênticos. Esta complicação pode dever-se à persistência, após o condicionamento, de linfócitos T maduros do recetor capazes de ativar e rejeitar o enxerto (Falkenburg. J et al., 1991). Estes linfócitos imunocompetentes reconhecem os antigénios menores de histocompatibilidade apresentados em associação com as moléculas HLA na superfície das células hematopoiéticas do enxerto (Figuras 7 e 8) e desencadeiam assim reacções imunitárias para as eliminar (Pierce.R et al.,2001).

II.4.2. Doença do enxerto contra o hospedeiro (GVHD)

É evidente que a doença do enxerto contra o hospedeiro (GVHD) é o fenómeno mais frequente nos transplantes de HSC.Intensificada pela condição do recetor, que pode estar totalmente imunocomprometido, e pela presença de uma incompatibilidade de antigénios de histocompatibilidade entre o par transplantado, a reação GVH pode assumir duas formas: uma forma benéfica ou Graft-versus-Leukemia (GVL) ou Graft-versus-Tumour (GVT) e uma forma prejudicial ou doença/reação Graft-versus-Host (Welniak.L et al.,2007).

a. Reação do enxerto contra tumor/leucemia (GVT/GVL)

A noção de que a aloreactividade pode gerar um efeito antileucémico foi sugerida em estudos de modelos de ratos leucémicos, em que a taxa de recaída da doença após o transplante sinegético é superior à observada após o transplante alogénico (Andrew.R ,2008).Além disso, nos seres humanos, a GVL ou a GVT são quase sempre observadas em associação com a GVHD (Hambach.L e Goulmy.E ,2005).Estas noções permitiram realçar a possibilidade de utilizar o transplante de células estaminais hematopoiéticas para tratar certas doenças malignas. Neste caso, a utilização de linfócitos T maduros do dador é necessária para o reconhecimento dos AgMHs apresentados pelas moléculas HLA na superfície das células leucémicas ou tumorais do recetor. Este reconhecimento pode desencadear reacções imunitárias contra estas células para as eliminar: é o efeito GVL ou GVT (Figura 7 e 8) (Andrew. R ,2008).Os estudos de Hambach também demonstraram que os linfócitos T específicos dos AgMH podem gerar reacções imunitárias dirigidas contra as células hematopoiéticas, resultando no efeito GVL sem GVHD (Hambach.L et al., 2008; Hambach.L et al.,2007). Este efeito benéfico depende da distribuição tecidular dos AgMHs; de facto, apenas os AgMHs com uma distribuição restrita às linhagens hematopoiéticas ou tumorais são os principais alvos desta reação (Falkenburg.J et al.,2004).

b. Doença do enxerto contra o hospedeiro (GVHD)

É a complicação mais grave do transplante de aloenxertos de células estaminais hematopoiéticas, responsável por uma morbilidade na maior parte das vezes muito grave, levando à morte do doente em 50% dos casos (FerraraL.Jet al., 2008). Esta reação é desencadeada pelas células efectoras do enxerto contra as células do próprio doente (FerraraL.Jet al., 2008). Corresponde ao reconhecimento de um antigénio alógeno (maior ou menor) pelos linfócitos T do dador (Moalic.V e Ferec.C ,2006).

Existem duas formas clínicas de DEVH: a primeira é a forma aguda, que ocorre nos 100 dias seguintes ao transplante, e a segunda é a forma crónica, que ocorre para além dos 100 dias após o transplante (Moalic.V e Ferec.C ,2006).

O grupo AgMHs inclui todos os péptidos imunogénicos capazes de desencadear respostas imunitárias predominantemente mediadas por células entre indivíduos HLA geno-idênticos (Malarkannan.S et al.,2005; Ferrara.J et al.,2008; Paczesny.S et al.,2010). A importância da histocompatibilidade antigénica menor na ocorrência de GVHD durante o transplante de HSC HLA geno-idêntico tem sido amplamente demonstrada (Niederwisser.D et al.,1993; Goulmy.E et al.1996; Markiewicz.M et al.,2009; Ferrara.J et al., 2008; Paczesny.S et al.,2010; Choi.S e Reddy.P,2010). Foi sugerido que a disparidade entre o recetor e o dador de HSC para um número limitado de AgMHs "imunodominantes" (Figuras 7 e 8), como HA-1, HA-2, CD31, HY-A2, HY e HA-8, é suficiente para o desenvolvimento de efeitos de GVHD e a destruição de células portadoras dos antigénios acima referidos (Behar.E et al.,1996; Goulmy.E et al.1996; Martin.P et al.,1997Tseng.L et al.,1999; Gallardo.D et al.,2001; Socie.G et al.,2001; Grumet.FC et al.,2001; Cavanagh.G et al.,2005; El-Chennawi.FA et al.,2006; Miklos.D et al.,2005; Akatsuka.Y et al.,2003).Por outro lado, outros AgMHs estão ligeiramente associados a efeitos de DECH, como o HA-3 no caso de múltiplas incompatibilidades entre o par enxertado (Spierings.E et al.,2003 ; Spellman.S et al.,2009).

Além disso, a distribuição tecidular dos AgMHs e a presença ou ausência do ligando HLA de apresentação específico têm um impacto importante no aparecimento da GVHD. De um modo geral, os AgMHs com distribuição ubíqua (HA-4; HA-5; PANE 1; CD31; HA-8, H-Y, etc.) são os antigénios candidatos capazes de desenvolver um efeito de DEVH após o transplante de HSC (Goulmy.E et al.,1996; Milkos.D et al.,2005).

c. AgMHs e transplantes sólidos

As reacções de rejeição de transplantes sólidos (rim, pele, etc.), mesmo num contexto de genoidentidade HLA, foram igualmente associadas a disparidades entre o dador e o recetor do órgão alvo em certos AgMH codificados por autossomas ou gonossomas (Heinold.A et al., 2008). O enxerto é eliminado por péptidos imunogénicos presentes na superfície do órgão enxertado após o desencadeamento de uma cascata de reacções imunitárias dirigidas pelos linfócitos T do recetor. (Figura 8) (Heinold.A et al., 2008).

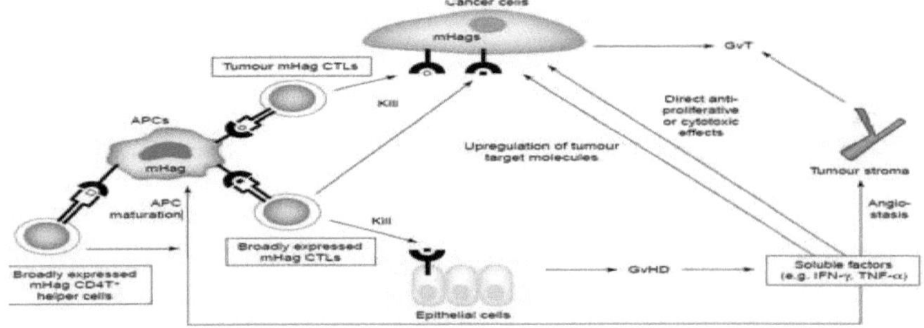

Figura 7: Implicações clínicas dos AgMHs nas reacções pós-transplante de HSC (Malarkannan.S et al.,2005)

Doador	Recetor	Consequências clínicas
Disparidade HLA		Rejeição de enxertos de órgãos sólidos
HLA idêntico sem disparidade de AgMHs		Enxerto bem sucedido
HLA idêntico e disparidade nos AgMHs	HSCT or T cells	✓ Rejeição de órgãos sólidos ✓ Rejeição do enxerto de HSC ✓ GVHD ✓ GVL/GVT

Figura 8: Papel dos antigénios menores nas reacções pós-transplante (Hambach.L e Goulmy.E ,2005)

❖ **AgMHs e tolerância fetomaterna**

Durante a gravidez, a aloimunização pode ocorrer em ambas as direcções, ou seja, da mãe para o feto ou do feto para a mãe, a fim de evitar abortos. Esta noção é teórica, mas ainda não foi verificada clinicamente (Goulmy.E ,2006).

❖ **Aloimunização mãe/feto**

Durante a gravidez, a aloimunização mãe/feto é dirigida contra todos os antigénios imunogénicos menores do feto herdados do pai e ausentes na mãe, codificados pelos autossomas ou pelo cromossoma Y (Figura 9) (Goulmy.E, 2006).

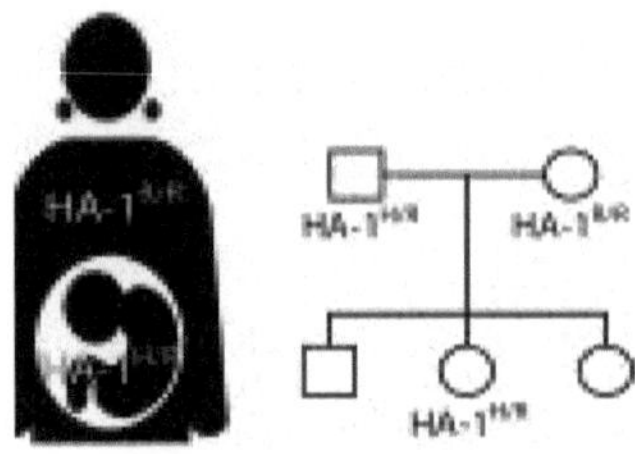

Figura 9: Disparidade entre a mãe e o feto para o HA-1 AgMH como exemplo
(Goulmy.E, 2006)

❖ Aloimunização do feto/mãe

Durante a gravidez, pode ocorrer aloimunização feto/mãe contra AgMHs codificados apenas pelos autossomas. Quando a mãe transporta o péptido imunogénico de AgMHs não herdado pelo feto, este último desenvolverá reacções imunitárias (Figura 10) (Goulmy.E, 2006).

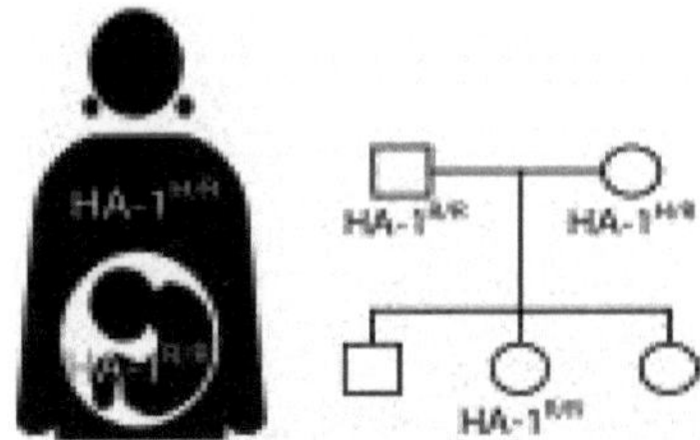

Figura 10: Disparidade entre a mãe e o feto para o HA-1 AgMH como exemplo
(Goulmy.E, 2006)

II.5. Distribuição inter-étnica das AgMH

A distribuição alélica e genotípica dos AgMH descobertos varia de uma população étnica para outra e de um AgMH para outro (Quadros II e III).

Quadro 2: Distribuição alélica de AgMHs em diferentes populações étnicas (Spierings et al., 2007)

gMHs/população interétnica		Asiático/ Pacífico (n=305)	Negro (n=162)	Branco (n=2011)	Mexicano (n=119)	Tampa De cor (n=65)	Mullato (n=123)
HA-1	H	47.6%	47.8%	35.9%	41.4%	35.2%	41.7%
	R	52.4%	52.2%	64.1%	58.6%	64.8%	58.3%
HA-2	V	91.9%	83.6%	75.6%	83.5%	84.9%	70.5%
	M	8.1%	16.4%	24.4%	16.5%	15.1%	29.5%
HA-3	T	57.4%	58.6%	65.2%	54.9%	55.6%	60.9%
	M	42.6%	41.4%	34.8%	45.1%	44.4%	39.1%
HA-8	R	39.7%	35.8%	45%	50.8%	29.4%	32.6%
	P	60.3%	64.2%	55%	49.2%	70.6%	67.4%
HB-1	H	69.9%	75.6%	74.2%	50.9%	73%	63%
	Y	30.1%	24.4%	25.8%	49 .1%	24%	37%
ACC-1	Y	42.5%	26.1%	26.8%	26.5%	36.7%	27.2%
	C	57.5%	73.9%	73.2%	73.5%	63.3%	72.8%
ACC-2	D	28.9%	6.5%	25.5%	11.6%	24.2%	15.2%
	G	71.1%	93.5%	74.5%	88.4%	75.8%	84.8%
SP110	R	76%	91.9%	61.2%	80.3%	74.2%	87%
	G	24%	8.1%	38.8%	19.7%	25.8%	13%
PANE1	R	71.2%	94 .7%	69.9%	82.5%	83.6%	63.3%
	R*	28.8%	8.4%	38.8%	19.7%	25.8%	13%
UGT2B17	+	44.9%	46%	81.3%	38.7%	24.3%	11.7%
	-	55.1%	54%	18.7%	61.3%	57.7%	88.3%

R*: Códão de paragem

Quadro 3: Distribuição genotípica de AgMHs em diferentes populações étnicas (Spierings.E et al.,2007)

AgMHs/população interétnica		Ásia/Pacífico (n=305)	Negro (n=162)	Branco (n=2011)	Mexicano (n=119)	Cap Coloré (n=65)	Mullato (n=123)
HA-1	HH	24%	21.8%	13%	12.9%	7.8%	16.7%
	RH	47.2%	51.9%	45.8%	56.9%	54.7%	50%
	RR	28.8%	26.3%	41.2%	30.2%	37.5%	33.3%
HA-2	VV	84.6%	69.8%	56.8%	69.6%	73%	54.5%
	VM	14.6%	27.8%	37.7%	27.7%	23.8%	31.8%
	MM	0.8%	2.5%	5.5%	2.7%	3.2%	13.6%
HA-3	TT	38%	38.9%	43.3%	31.3%	36.5%	26.1%
	TM	38.8%	39.5%	43.7%	47.3%	38.1%	69.6%
	MM	23.2%	21.6%	13%	21.4%	25.4%	4.3%
HA-8	RR	16.1%	11.7%	19.7%	25%	11.1%	8.7%
	RP	47.1%	48.1%	50.4%	51.7%	36.5%	47.8%
	PP	36.8%	40.1%	29.8%	23.3%	52.4%	43.5%
HB-1	HH	50.2%	54.4%	53.7%	26.6%	54%	39.1%
	HY	39.4%	42.4%	41.2%	48.6%	38.1%	47.8%
	YY	10.4%	3.2%	5.2%	24.8%	7.9%	13%
ACC-1	YY	19.1%	9.4%	7%	6.7%	9.4%	8.7%
	YC	46.9%	33.3%	39.6%	39.5%	54.7%	30.4%
	CC	34%	57.2%	53.5%	53.8%	35.9%	60.9%
ACC-2	DD	7%	0%	6.4%	0%	6.3%	0%
	DG	43.8%	13%	38.1%	23.2%	35.9%	30.4%
	GG	49.2%	87%	55.5%	76.8%	57.8%	69.6%
SP110	RR	60.3%	84.4%	37%	65.8%	53.1%	73.9%
	RG	31.5%	14.4%	48.3%	28.9%	42.2%	26.1%
	GG	8.2%	1.3%	14.7%	5.3%	4.7%	0%
PANE1	RR	49%	90.7%	47.2%	68.3%	70.3%	50%
	RR*	44.4%	8.1%	45.3%	28.3%	26.6%	27.3%
	R*R*	6.6%	1.2%	7.4%	3.3%	3.1%	22.7%
UGT2B17	+/+	20.1%	21.2%	66.1%	15%	5.9%	1.4%
	+/-	49.5%	49.7%	30.4%	47.4%	36.8%	20.6%
	-/-	30.4%	29.1%	3.5%	37.6%	57.3%	78%

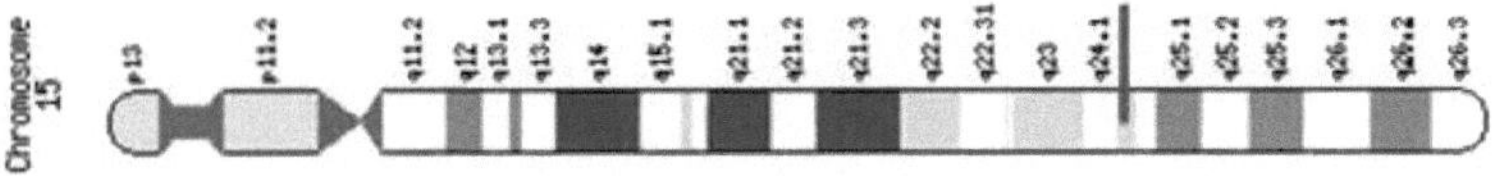

Figura 11: Localização do gene *AKAP lbc* no cromossoma 15
(ENSG00000170776)

a. Estrutura do HA-3

[T]O AgMH HA-3 ou (HA-3) é um péptido que codifica a proteína AKAP 13 (Protein Anchor kinase 13) de 2817 aminoácidos. Trata-se de um péptido de 9 aminoácidos (**VTEPGTAQY**), que se estende do aminoácido 1216 ao 1224 da proteína acima referida. Este péptido, que é altamente imunogénico e contém uma treonina (Thr) na posição 2, é gerado nos proteasomas como parte do metabolismo clássico das proteínas. [M]Outra cópia deste péptido, denominada HA-3 e contendo uma metionina (Met) em vez da treonina 2, pode também ser produzida a nível celular se o indivíduo for positivo para o alelo *HA-3*T*. Este segundo péptido é um péptido inerte porque é tolerado pelos linfócitos T e é conhecido como parte do "Self" (Spierings.E et al., 2003).

b. Moléculas HLA da apresentação

[T]O péptido imunogénico HA-3 tem maior afinidade para as moléculas HLA-A*0101 presentes na superfície dos CPAs. [M]Em contrapartida, o HA-3 tem menos afinidade para o HLA-A*0101. Este facto foi demonstrado nos estudos de Spierings. [M]De facto, não existe uma boa correlação entre o HA-3 e o HLA-A*0101 devido à fraca ligação entre a metionina e as moléculas HLA-A*0101. Este polimorfismo pode estar na origem de uma reação de GVHD (Spierings.E et al.,2003 ; Shastri.N et al.,2002).

c. Tecido de distribuição

O antigénio menor HA-3 está distribuído de forma ubíqua e a sua expressão é irrestrita (Bradely C et al., 2005).

OBJECTIVOS

Neste trabalho, estabelecemos os seguintes objectivos:

1.   Realizar um estudo bioinformático para localizar o local polimórfico no gene *AKAP lbc* que codifica o antigénio menor HA-3. Além disso, verificar os iniciadores escolhidos para a genotipagem molecular.

2. Desenvolver uma técnica PCR-SSP para a genotipagem molecular deste sítio.

3. Determinar as frequências alélicas e genotípicas e verificar o equilíbrio H.W para este antigénio de histocompatibilidade menor.

4. Comparar os resultados com os resultados registados noutras populações.

MATERIAL & MÉTODOS

MATERIAIS E MÉTODOS

A. Estudo bioinformático

I. Definição de bioinformática

A bioinformática é a disciplina que analisa a informação biológica, principalmente sob a forma de sequências genéticas e estruturas proteicas.

Neste estudo, utilizámos esta abordagem para verificar os primers específicos escolhidos para digitar o antigénio alvo HA-3, tal como citado no artigo de Spierings (E. Spierings et al., 2006).

II. Verificação do primário: Fase de decapagem

II.1. Princípio

Este passo é necessário para garantir que o processo de amplificação decorre sem problemas. Esta etapa é utilizada para verificar a ligação específica dos primers à sequência nucleotídica de interesse, de modo a evitar amplificações não específicas ou espúrias.

A verificação destes primers requer uma "comparação" com o genoma humano sequenciado conhecido, a fim de verificar onde podem estar ligados. A comparação pode ser efectuada utilizando o serviço BLAST fornecido pelo NCBI ou o serviço in Silico PCR no sítio Web UCSC Genome Bioinformatics.

II.2. Primários de granalhagem

Os iniciadores escolhidos para genotipar HA-3 (quadro IV) foram verificados em :

http://genome.ucsc.edu: Na ligação "UCSC in-Silico PCR" (Figura 14 e 15), a inserção dos dois primers nas caixas "Forward Primer" e "Reverse Primer" deu-nos :

- Localização de primers no genoma humano.
- Tamanho do amplicon
- A sequência amplificada
- Temperaturas do iniciador (Tm)
- Tamanho do iniciador.

http://ncbi.nlm.nih.gov/blast: Este sítio forneceu-nos todas as possibilidades de ligar os dois primers ao genoma humano. Estas possibilidades serão classificadas de acordo com :

✓ Pontuações de alinhamento.

✓ A identidade da cartilha em relação ao genoma humano, etc.

Quadro 4: Primers utilizados para os alelos HA-3, (E.Spierings et al.,2006)

Pares de primers	Sequência do iniciador	Temperatura do iniciador (Tm em °C)	Tamanho do amplicon
*HA-3*C* (Thr) (Sentido e anti-sentido)	5'<u>CTTCAGAGAGACTTGGTCAC</u>3' 3'GTTCATGAGCCCATGTTCCAT5'	50.8 62.1	129 pb
*HA-3*T* (Met) (Sentido e anti-sentido)	5'<u>CTTCAGAGAGACTTGGTCAT</u>3' 3'AGACTCAGCAGGTTTGTTAC5'	50.8 52	318pb

Figura 14: O local da explosão
(http://genome.ucsc.edu)

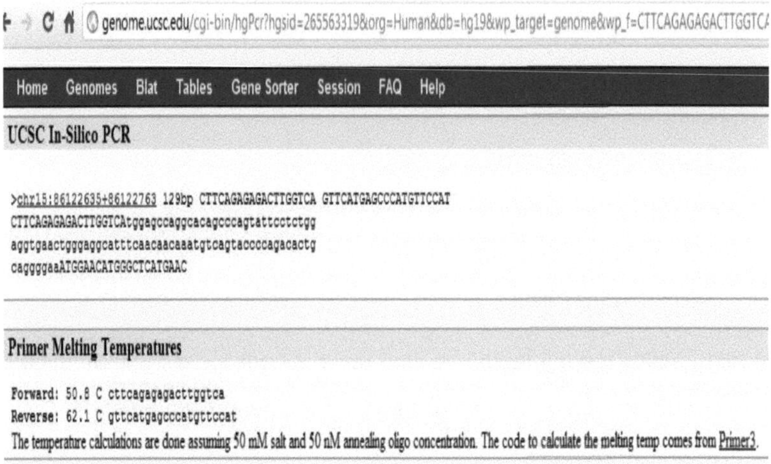

Figura 15: Exemplo de ativação do alelo HA-3*C (http://genome.ucsc.edu)

B. Estudo molecular

I. População do estudo

O estudo foi realizado em 150 dadores de sangue saudáveis não aparentados, recrutados em diferentes regiões do país. Todas as amostras de sangue foram colhidas com um anticoagulante (EDTA) no Centro Nacional de Transfusão de Sangue de Tunes (CNTS), à razão de 2 tubos de 5 ml por dádiva de sangue.

II. Manipulações moleculares

II.1 Extração de ADN genómico

Ao longo deste trabalho, o ADN foi extraído utilizando o método Salting out adaptado às condições do laboratório de hematologia do CNTS (Miller et al., 1988).

II.1.1. Princípio

Os leucócitos do sangue são a principal fonte de ADN genómico. A amostra de sangue é submetida a uma solução hipotónica que provoca a lise dos glóbulos vermelhos. Após a centrifugação, o sedimento de glóbulos brancos recuperado é misturado com uma solução de lise de glóbulos brancos destinada a fragmentar os glóbulos brancos e uma solução de proteinase K para degradar as proteínas da membrana. As proteínas são libertadas com uma solução de elevada força iónica (6 M NaCl). Por fim, o ADN genómico foi extraído com uma solução de etanol absoluto.

II.1.2. Como funciona

II.1.2.1. Lise dos glóbulos vermelhos

Após a desplasmatização, é adicionada à amostra de sangue uma solução hipotónica de lise de glóbulos vermelhos (RCLS). Após agitação, centrifugação a 2300 rpm durante 15 minutos à temperatura ambiente e remoção do sobrenadante, o sedimento de glóbulos brancos é novamente lisado. Este passo de lise dos glóbulos vermelhos é repetido 3 a 4 vezes até se obter um sedimento de glóbulos brancos sem hemoglobina.

II.1.2.2. Lise dos glóbulos brancos e precipitação de proteínas

O sedimento do branco é suplementado com solução de lise do branco (WLS) e proteinase K. O volume de SLB adicionado varia de 600µl a 1200µl, dependendo do tamanho do sedimento. A proteinase K, reconstituída para uma concentração de 20 mg/µl, foi adicionada à suspensão a uma taxa de 20 a 35µl, dependendo do tamanho do pellet. Após a homogeneização, a suspensão foi incubada a 42°C durante a noite ou a 56°C durante 3 horas. Em seguida, foram adicionados 200 µl de NaCl saturado (6M) e a suspensão foi agitada em vórtex até ficar leitosa. Após centrifugação durante 30 minutos a 5000 rpm, o sobrenadante foi recolhido num novo tubo.

II.1.2.3. Precipitação de ADN

Após a adição de um volume igual de etanol absoluto (95°) arrefecido a -20°C e a remoção dos polissacáridos, forma-se uma medusa de ADN por agitação muito suave da suspensão. Esta medusa é transferida para um tubo eppendorf limpo, lavada pelo menos 3 vezes com etanol a 70% para remover todos os vestígios de sal e finalmente seca num liofilizador (DNA plus).

II.1.2.4. Dissolução do ADN

Após a liofilização, o ADN seco é solubilizado num volume de água destilada escolhido de acordo com o tamanho da medusa. Esta solubilização requer uma agitação contínua durante a noite a 42°C. Após dissolução completa, a densidade ótica (DO) da solução de ADN obtida é medida sistematicamente a 260 nm e 280 nm para determinar a concentração e a pureza do ADN extraído.

II.1.2.5. Ensaio de ADN

Raramente é necessário efetuar um ensaio muito preciso e, no nosso caso, uma simples estimativa da concentração é suficiente. Com base no facto de as bases purinas e pirimidinas absorverem fortemente no ultravioleta a 260 nm. Torna-se possível estimar a concentração de uma solução de ADN solúvel. [ème]Sabendo que uma unidade de densidade ótica medida numa solução de ADN de cadeia dupla a 260nm corresponde a 50 ng/µl e que se utiliza uma diluição de 1/100 . A concentração aproximada da solução-mãe de ADN é calculada pela seguinte fórmula :

$$[ADN\ parental] = 100 \times 50\ (\mu g/ml) \times A;\ em\ que\ A:\ C\ a\ 260nm.$$

II.1.2.6. Estimativa da pureza do ADN

A pureza do ADN obtido é verificada efectuando um espetro de absorção UV a 260 nm e 280 nm na solução de ADN diluída a 1:100. As proteínas absorvem a 280nm, enquanto os ácidos nucleicos absorvem a 260nm. O grau de pureza de uma solução de ácido nucleico é estimado através do cálculo do rácio :

Rácio = DO 260 nm / DO 280 nm

A solução de ADN é considerada de boa qualidade quando o rácio se situa entre 1,8 e 2.

II.1.2.7. Preparação de diluições

As soluções-mãe de ADN devem ser diluídas em água duplamente destilada e ajustadas a 100 ng/µl, que é a concentração óptima para a amplificação genética.

II.2. Técnica de genotipagem de AgMHs por PCR - SSP ou ASA

Graças ao seu desempenho, a técnica PCR-SSP/PCR-ASA (amplificação específica do alelo ou amplificação específica da sequência) foi escolhida para a genotipagem molecular do antigénio de histocompatibilidade menor HA-3.
Esta técnica caracteriza-se pela sua rapidez em comparação com outras técnicas moleculares. São necessárias apenas algumas horas para determinar as versões alélicas de HA-3 e os genótipos correspondentes.

II.2.1 Princípio da PCR-SSP

A técnica PCR-SSP baseia-se no princípio da amplificação pela Taq polimerase, e só pode ser eficaz quando o iniciador é perfeitamente complementar à sequência de ADN alvo. Os pares de iniciadores são definidos para serem específicos de um único alelo ou de um grupo de alelos. Em condições de PCR muito precisas, o par de iniciadores específicos permite a amplificação da sequência alvo (resultado positivo), enquanto os pares de iniciadores não complementares não produzem amplificação (resultado negativo). Após a PCR, os fragmentos de ADN amplificados são separados por eletroforese num gel de agarose e visualizados sob luz UV após coloração com brometo de etídio. A interpretação dos resultados da PCR-SSP baseia-se na presença ou ausência de um fragmento amplificado específico. Muitos factores podem afetar a eficiência da PCR (erros de pipetagem, má qualidade do ADN, presença de inibidores, etc.), razão pela qual é incluído um par de iniciadores de controlo interno em cada reação de PCR. Este par de iniciadores de controlo (iniciador de sentido : GCCTCCCCAACCATTCCCTTA e primer anti-sentido: TCACGGATTTCTGTTGTG TTTC) amplifica uma região conservada do gene HGH humano que está presente em todas as amostras de

ADN e é utilizado para verificar a integridade da reação de PCR. No caso da amplificação específica de um alelo de antigénio (banda positiva), a banda de controlo interno pode ser fraca ou estar ausente devido à competição entre pares de primers pelos ingredientes da PCR (Taq; dNTPs, etc.).

II.2.1 Desenvolvimento de PCR-SSP aplicado à genotipagem *de* AgMHs

Foram efectuados vários testes de amplificação no decurso deste trabalho. Os primeiros ensaios foram efectuados em condições padrão de PCR e a uma temperatura de 61°C. Foram obtidas bandas de amplificação específicas. Os aumentos sucessivos da temperatura de hibridação para 62,5° e o ajustamento da concentração de HGH resolveram o problema das amplificações aspecíficas. As condições finais da PCR estão resumidas nos quadros V, VI e VII.

II.2.2 Programa do termociclador

Para a amplificação alelo-específica do antigénio em estudo, optimizámos as concentrações dos diferentes ingredientes. No final dos testes, foi utilizado um único programa para os alelos, o que facilitará a genotipagem em laboratório. As várias etapas de amplificação estão resumidas no quadro VIII.

II.2.3 Controlo da amplificação

Os fragmentos de ADN amplificados foram separados por eletroforese durante 20 minutos num gel de agarose a 2% e visualizados por coloração com brometo de etídio (BET). Os resultados da PCR-SSP são interpretados com base na presença ou ausência de fragmentos amplificados específicos.

Quadro 5: Condições finais da PCR para a genotipagem dos alelos HA-3*C/HA-3*T

Ingredientes	CC inicial	CC°/PCR	V/PCR
EBD	-	-	1,7 µl
Tampão (Promega)	5x	1 x	2µl
MgCl 2(Promega)	25m M	1,5 mM	0,6 µl
dNTPs	2m M	0,2 mM	1 µl
Primer HGH sens (700 pb)	2000nM	160nM	0,8µl
Primário anti-sentido HGH (700 pb)	2000nM	160nM	0,8 µl
Cartilha sensorial específica	2000nM	200nM	1 µl
Primário específico anti-sensibilidade	2000nM	200nM	1 µl
Taq polimerase (Promeg)	5U/ µl	0.5U	0,1 µl
ADN genómico	100ng/ul	100ng	1 µl
Volume final	-	-	10 µl

Quadro 8: Programa PCR utilizado para a amplificação de HA-3

Estágio		Temperatura	Duração	Número de ciclos
Desnatur ação		94° C	5 min	1
Amplificação	Desnaturaçã o	94° C	30 segu ndos	30
	Hibridação	62.5°C	40 segu ndos	
	Alongame nto	72° C	30 segu ndos	
Alongamento final		72C	10 min	1

C. Estudo bioestatístico

I. Determinação das frequências alélicas

As frequências alélicas foram calculadas de duas formas:

a.   *Cálculo manual*

Frequência alélica = [2(n1 ou n2) + n3] / 2N

Com :
n1: número de indivíduos homozigóticos A/A
n2: número de indivíduos homozigóticos B/B
n3: número de heterozigotos AB

N: população total

b. Cálculo informático: Este cálculo foi efectuado com o software Thesias versão 3.1.

II Determinação das frequências genotípicas

As frequências genotípicas foram calculadas por contagem simples

Frequência. Genotípica = n /N; em que n: número de indivíduos com o mesmo genótipo N:
número total de indivíduos

III. *Intervalo de confiança*

Um intervalo de confiança, com um risco de erro α, é um intervalo que tem uma

probabilidade 1-α de conter o valor verdadeiro (desconhecido) de um determinado parâmetro.

Para uma percentagem, o intervalo de confiança (IC) (a 95%, com um risco de erro de 5%) é

calculado dseguinte forma:

$$[pi, ps] = p \pm 1,96 \sqrt{pq} /N$$

Onde N: dimensão da amostra

p: definir frequência

q : 1-p

pi: limite inferior do IC

ps: limite superior do IC

Este intervalo permite-nos dizer que, para uma amostra de N, os resultados são fiáveis com um intervalo de ± IC para um resultado líquido com um erro percentual de 5%.

IV   Equilíbrio de Hardy Weinberg

Esta lei é utilizada para estudar o equilíbrio da população ao longo das gerações para os loci HA-3, HA-8 e PANE1. O equilíbrio é verificado de acordo com esta lei da seguinte forma:

$$^{222}(\qquad\qquad p+q) = p + 2pq + q = 1$$

Em que p: frequência do alelo x; q: frequência do alelo y; p + q =1

V.   Teste Chi2 de H.W

O teste de adequação do χ^2 é utilizado para estimar a probabilidade de observação simultânea de uma série de desvios entre os valores observados e esperados.

$$\text{Teste } \chi 2: \Sigma \text{ (Obs -Tea) 2/ Tea}$$

Onde Obs: valor observado; The: valor teórico

VI. Grau de liberdade

[2]O número de variáveis no teste de Hardy-Weinberg não é simplesmente o número de fenótipos - 1 como no teste χ para proporções mendelianas clássicas. O número de variáveis observadas (número de fenótipos: k) é menor no teste de conformidade das frequências alélicas com uma distribuição de Hardy-Weinberg. Isto deve-se ao facto de serem acrescentadas variáveis adicionais, como o número de alelos (r). Assim, o número combinado de graus de liberdade será :

ddl = (k-1)-(r-1) = **k-r** = número de fenótipos - número de alelos.

RESULTADOS

RESULTADO S

Os resultados da análise molecular mostram a presença de todas as versões alélicas do gene estudado.

A análise molecular do gene *AKAP lbc* envolveu toda a população-alvo. Recorde-se que o polimorfismo alvo é caracterizado por uma substituição de um único nucleótido por um missense (SNP). Um exemplo desta genotipagem é apresentado na figura 16. O perfil electroforético mostra claramente a presença de 3 tipos de bandas:

- ✓ ᵀUma banda de 129 pares de bases (pb) de tamanho corresponde à amplificação doalelo imunogénico HA-3 *C (HA-3).
- ✓ ᴹUma banda de 318 pares de bases corresponde à amplificação do alelo não imunogénico HA-3 *T (HA-3).
- ✓ Uma banda de 709 pb corresponde à amplificação do gene da hormona do crescimento (HGH), que é o controlo interno.

Foram obtidos dois perfis para este antigénio durante este estudo:

- ✓ Um indivíduo homozigótico para HA-3*C/ *HA-3*C*

- ✓ Um indivíduo heterozigótico HA-3*T/ *HA-3*C*

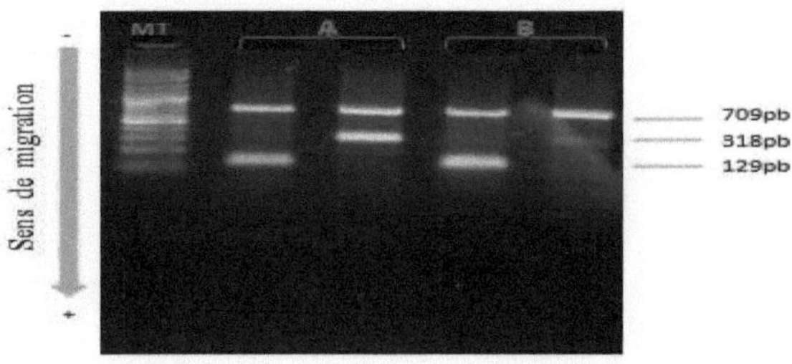

MT: marcador com 100 pb de tamanho; A: indivíduo heterozigótico para HA-3*C/HA-3*T; B: indivíduo homozigótico para HA-3*C/HA-3*C

Figura 16: Perfil elevatório do gene AKAP lbc num gel de agarose a 2%

O estudo estatístico mostrou que o alelo *HA-3*C* é mais frequente do que o alelo

*HA-3*T*, com frequências de 90% (**±0**,0480099) e 10% (±0,0480099), respetivamente (Tabela IX).

Genotipicamente (Tabela X), a maioria da população estudada apresentava a forma homozigótica *HA-3*C / HA-3*C*. Este genótipo é predominante, com uma frequência de 80%, seguido do genótipo heterozigótico *HA-3*T / HA-3*C*, que ocorre em apenas 20% da população estudada. O mesmo estudo mostrou a ausência total do genótipo homozigótico *HA-3*T* / HA *3*T*.

O estudo do equilíbrio do locus *AKAP lbc* foi efectuado após verificação de que a nossa população cumpria todas as condições de aplicação. [2]O teste do χ foi aplicado para as duas versões alélicas HA-3 **C* e *HA-3*T*. O quadro XI mostra os valores observados e teóricos calculados a partir das frequências observadas para este locus.

[22]A análise do equilíbrio de Hardy-Weinberg para o locus *AKAP lbc* que c o d i f i c a HA-3 mostra que a população tunisina está em equilíbrio, uma vez que o valor de χ cal é inferior ao χ teórico, e a diferença não é significativa (p=0,173)>0,05.

Tabela 9: Frequências alélicas do gene AKAP lbc na população tunisina

Alelos	Frequência (%)	Intervalo de confiança (IC)
HA-3*C*(Thr)*	90	± 0.04800099
HA-3 *T*(Met)*	10	± 0.04800099

Quadro 10: Frequências genotípicas de AKAP lbc na população tunisina

Genotipo	Número	Frequência (%)
*HA-3*C / HA-3*C*	*120*	*80*
HA-3*C/ *HA-3*T*	**30**	**20**

Tabela 11: Valores observados e teóricos do gene AKAP lbc e cálculo do χ^2

Genótipos	Valores observados		Valores teóricos		χ^2
	Número	Frequências	Número	Frequências	
HA-3*T/HA-3 *T*	0	0	1.5	0.01	$^{22}\chi$ calculado=1,848
*HA-3*C* /HA-3 *T*	30	0.2	27	0.18	
*HA-3*C* /HA-3 *C*	120	0.8	121.5	0.81	χ teórico= 3,84

DISCUSSÃO

DISCUSSÃO

Os antigénios menores de histocompatibilidade são péptidos endógenos polimórficos imunogénicos inicialmente identificados após complicações pós-transplante de HSC entre indivíduos HLA geno-idênticos. Estes AgMHs são apresentados na superfície celular em associação com moléculas HLA. As complicações pós-transplante, como a reação GVHD e a rejeição, são o resultado de uma disparidade entre o dador e o recetor em termos destes AgMHs, desencadeando uma série de reacções imunitárias. No entanto, esta disparidade pode induzir efeitos benéficos, como a reação do enxerto contra as células tumorais (GVT) ou leucémicas (GVL).

O estudo do polimorfismo e das bases moleculares dos antigénios menores de histocompatibilidade na população tunisina é uma das áreas de investigação do laboratório de imuno-hematologia do Centro Nacional de Transfusão de Sangue, e o nosso trabalho insere-se neste quadro. Assim, optámos por estudar o polimorfismo molecular do antigénio HA-3 na nossa população. O HA-3 é codificado pelo gene autossómico *AKAP lbc* localizado n o cromossoma 15. No presente trabalho, desenvolvemos um método de genotipagem muito rápido para estudar o polimorfismo molecular dos três genes acima mencionados e determinar as suas frequências alélicas e genotípicas na população tunisina.

O nosso estudo de uma coorte de controlo de indivíduos saudáveis não aparentados mostrou que :

> ᵀPara o antigénio HA-3: a maioria da população tunisina é portadora do péptido imunogénico HA-3, tanto na forma homozigótica como na heterozigótica.

O genótipo homozigótico *HA-3*C* / *HA-3*C* é mais frequente, com uma frequência igual a 80%. O estudo do equilíbrio de Hardy-Weinberg mostrou que a população tunisina está em equilíbrio para o gene *AKAP lbc* que codifica este antigénio.

[T]Em comparação com seis grupos étnicos citados no artigo de Spierings (Spierings E, 2007), as frequências encontradas para o antigénio de histocompatibilidade menor HA-3 estão próximas das relatadas em europeus e afro-americanos, mas este antigénio não é muito polimórfico na nossa população, uma vez que o péptido HA-3 é muito frequente (Tabelas XVIII e XIX).

Quadro 18: Comparação das frequências de alelos HA-3 de seis grupos étnicos com as da população tunisina (Spierings E et al., 2007)

População /alele	Tunisina (n=150)	Asiático (n=305)	Negro (n=162)	Branco (n=2011)	Mexicano (n=119)	Capa colorida (n=65)	Mulatos (n=23)
*HA-3*C* (HA-3[T])	90%	57.4%	58.6%	65.2%	54.9%	55.6%	60.9%
[M]*HA-3*T (HA-8)*	10%	42.6%	41.6%	34.8%	45.1%	44.4%	39.1%

Quadro 19: Comparação das frequências dos genótipos HA-3, HA-8 e PANE1 de seis grupos étnicos com as da população tunisina (Spierings E et al., 2007).

População/ Genótipo	Tunisino (n=150)	Asiáticos (n=305)	Negro (n=162)	Branco(n=2011)	Mexicano (n=119)	Capa colorida (n=65)	Mulatos (n=123)
[MM]*HA-3*TT*(HA-3)	_%	23.2%	21.6%	13%	21.4%	25.4%	4.3%
[MT]HA-3*CT*(HA-3)*	20%	38.8%	39.5%	43.7%	47.3%	38.1%	69.9%
[TT]HA-3*CC*(HA-3)*	80%	38%	38.9%	43.3%	31.3%	36.5%	26.6%

Este estudo fundamental foi também necessário para prever a taxa de disparidade entre indivíduos HLA geno-idênticos num determinado antigénio menor. [T]Embora o locus esteja em equilíbrio de Hardy-Weinberg, e com base nos dados alélicos e genotípicos acima mencionados, podemos deduzir que o antigénio HA-3 (indivíduos homo e heterozigóticos para o alelo imunogénico *HA-3*C* (HA-3)) é comum na nossa população.

Clinicamente, a importância dada ao antigénio HA-3 pode ser explicada pela frequência das reacções alogénicas que podem ser desencadeadas após o reconhecimento de cada antigénio por linfócitos T aloreactivos, em indivíduos positivos para o ligando HLA específico de cada antigénio. A este respeito, deve recordar-se que o HLA-A*0101 é a molécula específica necessária para a apresentação de AgMHs HA-3 a linfócitos aloreactivos imunocompetentes.[T]No caso do aloenxerto de células estaminais hematopoiéticas ou do transplante de órgãos sólidos HLA geno-idênticos, o péptido imunogénico HA-3 apresentado pela molécula HLA-A*0101 é expresso em todos os tunisinos, o que reduz o risco de desenvolvimento de reacções imunitárias contra este antigénio no caso do aloenxerto de células estaminais hematopoiéticas.

Este estudo levou-nos a investigar a probabilidade (P) de um recetor de células estaminais hematopoiéticas ser portador do alelo imunogénico HA-3.
molécula apresentadora HLA específica (Ayed et al., 2004) do antigénio, aos linfócitos T citotóxicos do dador (quadros XX, XXI e XXII).

[T]Os resultados informam-nos de que, em 100 receptores de HSC, 10 indivíduos são portadores do péptido imunogénico HA-3 e da molécula HLA* A0101 (Quadro XX).

Quadro 20: Cálculo da probabilidade de os receptores serem portadores de HLA-A*0101/HA-3

O contexto do TCSH		Declaração HA-3 do destinatário	
		^{T}HA-3 (+) (A)	^{M}HA-3 (-) (B)
Estatuto HLA-A*0101 do destinatário	**HLA-A*0101(+) (C)**	0.1008 (=p(A)*p(C))	0.0112 (=p(B)*p*(C))
	HLA-A*0101(-) (D)	0.7999 (=p(A)*p(D))	0.0888 (=p(B)*p*(D))

N.B. A frequência do alelo HLA-A*0101(+) nos tunisinos é de 0,112 (Ayed et al., 2004).

CONCLUSÃO E PERSPECTIVAS

CONCLUSÃO

Este estudo forneceu-nos uma técnica PCR-SSP e uma estimativa da distribuição alélica e genotípica do gene *AKAP lbc* que codifica o antigénio HA-3 numa amostra da população tunisina.

Para este antigénio, o alelo mais frequente é o *HA-3*C* com um valor igual a 90%. O genótipo mais presente na nossa população é o genótipo homozigótico *HA-3*C/ HA-3*C* (80%) seguido do genótipo heterozigótico *HA-3*T/* HA-3*C (20%). Estes resultados fundamentais servirão de base de dados para estudos futuros sobre a associação entre a ocorrência de GVHD e o antigénio de histocompatibilidade menor HA-3 em receptores de transplante de células estaminais hematopoiéticas da Tunísia.

PERSPECTIVAS

No presente estudo, foi possível criar uma base de dados tunisina para os AgMH.

Este trabalho merece ser completado posteriormente por um estudo da associação entre a disparidade de AgMHs para casais transplantados com HLA geno-idêntico e portadores de HLA-A específico, para cada antigénio e o desenvolvimento de reacções pós-transplante de células estaminais hematopoiéticas, tais como GVHD, rejeição e GVL.

Este estudo, seguido de outros estudos fundamentais e clínicos sobre outros AgMHs, poderia ajudar os médicos de transplantes a melhorar os resultados dos transplantes de células estaminais hematopoiéticas na Tunísia, de modo a aumentar a segurança dos doentes transplantados e, assim, reduzir as complicações pós-transplante, especialmente o efeito GVHD.

REFERÊNCIAS BIBLIOGRÁFICO

Referências

Akatsuka Y, Warren EH, Gooley TA, et al.(2003) A disparidade para um antigénio de histocompatibilidade menor recentemente identificado, HA-8, está correlacionada com a doença aguda do enxerto contra o hospedeiro após o transplante de células estaminais hematopoiéticas de um irmão HLA idêntico. *Br J Haematol* ;123: 671-5.

Ameziane N, Bogard M, Lamori Jl.(2005) Principes de biologie moléculaire en biologie clinique. Paris, *Elsevier Masson: p45-50.*

Andrew R,Rezvani,Rainer F.(2008) Separação dos efeitos enxerto-vs-tumor da doença enxerto-vs-hospedeiro no transplante alogénico de células hematopoiéticas. *Autoimunidade; 30:172-179.*

Ayed K ,Ayed-Jendoubi S,Sfar I et al.(2004) HLA classe I e HLA classe II fenotípicos ,gene e frequências haplotípicas em tunisinos, utilizando dados de tipagem molecular. *Antigénios de Tecidos*; 64:520-32.

Behar E, Chao NJ, Hiraki DD, et al.(1996) Polymorphism of adhesion molecule CD31 and its role in acute graft-versus-host disease. *N Engl J Med*; 334: 286-91.

Bierie B, Edwin M, Melenhorst JJ, Hennighausen L.(2004) O elemento nuclear associado à proliferação (PANE1) é conservado entre mamíferos e peixes e é preferencialmente expresso em células linfóides activadas. *Gene Expr Patterns* ;4:389-95.

Bradely C. Pietz , Melissa B. Warden, Brian K. Duchateau ,e Thomas M. Ellis (2005) Multiplex genotyping of human minor histocompatibility antigens. *Human Immunology;* 66:1174-1182.

Brickner Anthony .G, Anne M. Evans, Jeffrey K. Mito, Suzanne M. Xuereb, Xin Feng, TetsuyaVictor H. Engelhard, Stanley R. Riddell e Edus H. Warren Nishida, Liane Fairfull, Robert E. Ferrell, Kenneth A. Foon, Donald F. Hunt, Jeffrey Shabanowitz. Ferrell, Kenneth A. Foon, Donald F. Hunt, Jeffrey Shabanowitz (2006) O gene PANE1 codifica um novo antigénio humano de histocompatibilidade menor que é expresso seletivamente em células linfóides B e em células B-CLL. *Sangue*; 107: 3779-3786.

Brickner Anthony .G , Edus H. Warren, Jennifer A. Caldwell, Yoshiki Akatsuka, Tatiana N. Golovina, Angela L. Zarling, Jeffrey Shabanowitz, Laurence C. Eisenlohr, Donald F. Hunt, Victor H. Engelhard e Stanley R. Riddell .(2001) The Immunogenicity of a New Human Minor Histocompatibility Antigen Results from Differential Antigen Processing .*J Exp Med* ; 193(2): 195-206.

Carosella ED, Paul P, Moreau P, et al.(2000) HLA-G e HLA-E: aspectos fundamentais e fisiopatológicos. *Immunol Today*; 21: 532-4.

Cavanagh G, Chapman C, Carter V, et al.(2005) Donor CD31 Genotype Impacts on Transplant Complications after Human Leukocyte Antigen-Matched Sibling Allogeneic Bone Marrow Transplantation .*Transplantation* ; 79: 602-5.

Cesbron-Gautier A, Gagne K, Retière C, et al (2007) Sistema HLA. EMC, *Hematologie*; 13-000-M-53, Doi: 10.1016/S1155-1984(07)47158-8.

Choi S, Reddy P. (2010) Graft-versus-host disease. *Panminerva Med* ;52: 111-24

Collins A, Lonjou C, Morton NE (1999) Genetic epidemiology of single-nucleotide polymorphisms. *Proc Natl Acad Sci USA*; 96: 15173-7.

Colombani J. (1993) In: HLA: Immune functions and medical applications. Paris, *John Libbey Eurotext*: p23-30.

Dausset J. (1958) Iso-leuco-anticorpos. *Ata Haemat;* 20:156-66.

De Bueger M, Bakker A, Van Rood JJ, et al (1992) Tissue distribution of human minor histocompatibility antigens: Ubiquitous versus restricted tissue distribution indicates heterogeneity among human cytotoxic T lymphocyte-defined non-MHC antigens. *J Immunol*; 149: 1788-94.

Dolstra H, Fredrix H, Preijers F, et al.(1997) Reconhecimento de um antigénio de histocompatibilidade menor associado à leucemia de células B pelo C.T.L. *J Immunol* ; 158:560-5.

Doris PA. (2002) Hypertension genetics, single nucleotide polymorphisms, and the common disease: common variant hypothesis. *Hypertension*; 39:323-31.

El-Chennawi FA, Kamel HA, Mosaad YM, et al.(2006) Impacto das incompatibilidades de CD31 no resultado do transplante de células estaminais hematopoiéticas de irmãos idênticos HLA. *Haematology*; 11: 227-34.

Falkenburg F MD, Willemze R MD(2004) Minor Histocompatibility Antigens as targets of cellular immunotherapy in leukemia.*Best Practice and research clinical haematology;*17:415-425.

Falkenburg F ,Gosehnk H,van der harts D,Van Luxemburg-Heijs SAP ,Kooij-winkelaar YMC ,FABER LM,DE Kroon J,Brand A,Fibbe WE,Willemze R, and GoulmyE.(1991) Growth Inhibition of donorgemc leukemic precursor cells by histocompatibility antigen-specific cytotoxic T lymphocytes .*J Exp Med*; 174:27.

Ferrara JLM, Levine JE, Reddy P, et al (2008) Graft-versus-host disease. *The lancet;* 373: 1550-61.

Gallardo D, Arostegui JI, Balas A et al (2001) A disparidade para o antigénio de histocompatibilidade menor HA-1 está associada a um risco acrescido de doença aguda do enxerto contra o hospedeiro (GVHD), mas não afecta a incidência de GVHD crónica, a sobrevivência livre de doença ou a sobrevivência global após o transplante alogénico de dadores irmãos idênticos com antigénio leucocitário humano. *British Journal of Haematology*; 114: 931-36.

Goulmy E. (2006) Minor histocompatibility antigens: from transplantation problems to therapy of cancer. *Hum Immunol*: 67: 433-8.

Goulmy E. (1996) Human minor histocompatibility antigens. *Curr Opin Immunol*; 8: 75-81.

Goulmy E, Schipper R, Pool J, et al.(1996) Mismatches of Minor Histocompatibility Antigens Between HLA-Identical Donors and Recipients and the Development of Graft-Versus-Host Disease After Bone Marrow Transplantation. *The New England Journal of Medicine*; 334: 281-5

Grumet FC, Hiraki DD, Brown BW, et al (2001) CD31 Mismatching Affects Marrow Transplantation Outcome. *Biology of Blood and Marrow Transplantation*; 7: 503-12.

Hajjej A,Hmida S,Kaabi H,Dridi A,Jridi A,El Gaaled A,Boukef K.(2006) Genes HLA em tunisinos do sul (área de Ghannouch) e a sua relação com outros mediterrânicos

Jornal Europeu de Genética Médica;49:43-56.

Hajjej A, Sellami MH, Kaabi H, et al.(2010) Polimorfismos HLA classe I e classe II em berberes tunisinos. *Ann Hum Biol; 38*(2): 156-164.

Hambach Lothar & Goulmy Els (2005) Immunotherapy of cancer through targeting of minor histocompatibility antigens. *Opinião atual em Imunologia*; 17:202-210.

Hambach Lothar , Spierings Eric e Els Goulmy. (2007) Risk assessment in haematopoetic stem cell transplantation: Minor Histocompatibility Antigens. *Best practice et research clinical hematology; 20*(2):171-187.

Hambach Lothar, Vermeij Marcel , Andreas Buser ,Zohara Aghai, Theodorus van der kwast e Els Goulmy.(2008) A seleção de um único antigénio de histocompatibilidade menor incompatível com expressão restrita ao tumor erradica os tumores sólidos humanos. *Sangue*; 112:1844- 1852.

Heinold A, OS,Ruhenstroth A,Laux G,Doehler B e Tran TH.(2008) Role of Minor Histocompatibility Antigens in Renal Transplantation. *American Journal of Transplantation; 8:95-102.*

Klein J, Sato A.(2000) O sistema HLA. Primeira de duas partes. *N Engl J Med*; 343: 702-9.

Le Morvan V, Formento JL, Milano G, et al (2005) Técnicas de pesquisa de polimorfismos genéticos. *Oncologia*; 7: 7-16.

Malarkannan Subramaniam ,Jeyarani Regunathan and Angela M. Timler.(2005) MinorHistocompatibility Antigens: Molecular targets for immunomodulation in tissue transplantation and tumor therapy. *Clinical and Applied Immunology*; 5(2):95-109.

Markiewicz M, Siekiera U, Karolczyk A, et al (2009) Immunogenic disparities of 11 minor histocompatibility antigens (mHAs) in HLA-matched unrelated unrelated allogeneic SCT hematopoietic. *Bone Marrow Transplantation; 43:293-300.*

Martin PJ.(1997) Qual o benefício que se pode esperar do emparelhamento para antigénios menores no transplante alogénico de medula óssea? *Bone Marrow Transplantation*; 20: 97-100.

Maruya E, Saji H, Seki S, et al (1998) Evidência de que CD31, CD49b e CD62L são antigénios de histocompatibilidade minor imunodominantes em transplantes de medula óssea de irmãos idênticos HLA. *Sangue*; 92: 2169-76.

Miklos DB, Kim HT, Miller KH, Guo L, Zorn E, Lee SJ et al. (2005) As respostas dos anticorpos aos antigénios de histocompatibilidade menor H-Y estão correlacionadas com a doença crónica do enxerto contra o hospedeiro e a remissão da doença. *Sangue*; 105: 2973-8.

Miller S, Dykes D, e Polesky H. (1988) Um procedimento simples de salga para a extração de ADN de células nucleadas humanas. *Nucleic Acids Research* ; 16:1215-1218.

Moalic V, Ferec C. (2006) Graft-versus-host disease. *Patologia Biológica*; 54: 304-308.

Murata Makoto, Edus H. Warren e Stanley R. Riddell (2003) Um Antigénio de Histocompatibilidade Menor Humano resultante da Expressão Diferencial devido a uma Deleção Genética. *J Exp Med*; 197(10):1279-1289.

Niederwieser D, Grassegger A, Auböck J, et al.(1993) Correlação dos linfócitos T citotóxicos específicos do antigénio de histocompatibilidade menor com o estado da doença do enxerto contra o hospedeiro e análise da distribuição tecidular dos seus antigénios alvo. *Sangue*; 81: 2200-8.

Paczesny S, Hanauer D, Sun Y, et al.(2010) New perspectives on the biology of acute GVHD. *Transplante de Medula Óssea*; 45: 1-11.

Perreault C, Roy DC, Fortin C.(1998) Immunodominant minor histocompatibility antigens: the major ones. *Immunol Today*; 19: 69-74.

Pierce RA, Field ED, Mutis T, et al.(2001) O antigénio de histocompatibilidade menor HA-2 deriva de um gene dialélico que codifica uma nova proteína de miosina humana de classe I. *J Immunol*; 167: 3223-30.

Rufer N, Wolpert E, Helg C, et al. (1998) HA-1 e o péptido derivado de SMCY FIDSYICQV (H-Y) são antigénios de histocompatibilidade minor imunodominantes após o transplante de medula óssea. *Transplantation*; 66: 910-6

Schwartz BD (1994) Ratos transgénicos HLA classe II: a oportunidade de desvendar a base das associações HLA classe II com a doença. *J Exp Med*;180: 11-13.

Sellami MH, Kâabi H, Midouni B, et al.(2008) Duffy blood group system genotyping in an urban Tunisian population. *Anais de Biologia Humana*; 35: 406-15

Shastri N,Schwab S,Serwold T.(2002) Producing nature's gene-chips: the generation of peptides for display MHC class I molecules. *Annu Rev Immunol; 20:463-493.*

Shlomchik WD.(2007) Graft-versus-host disease. *Nat Rev Immunol*; 7: 340-52.

Snell GD.(1948) Methods for the study of histocompatibility genes. *Genet*; 19: 87-108.

Socie G, Loiseau P, Tamouza R et al.(2001) Both genetic and clinical factors predict the development of graft-versus-host disease after allogenic haematopoietic stem cell transplantation. *Transplantation*; 72: 699-706.

Spellman S, Warden MB, Haagenson M, et al.(2009) Effects of Mismatching for Minor Histocompatibility Antigens on Clinical Outcomes in HLA-Matched, Unrelated Hematopoietic Stem Cell Transplants. *Biology of Blood and Marrow Transplantation*; 15: 856-63.

Spencer CH, Gilchuk P, Dragovic SM, et al (2010) Antigénios de histocompatibilidade menores: princípios de apresentação, lógica de reconhecimento e o potencial para uma mão que cura. *Curr Opin Organ Transplant*; 15: 512-25.

Spierings E, Brickner EG, Caldwell JA, et al.(2003) O antigénio de histocompatibilidade menor HA-3 resulta da clivagem diferencial da oncoproteína da crise blástica linfoide (Lbc) mediada pelo proteassoma. *Sangue*; 102: 621-9.

Spierings E, Hendriks M, Absi L, et al.(2007) As frequências fenotípicas dos antigénios de histocompatibilidade autossómicos menores apresentam diferenças significativas entre populações.*PLoS Genet* ;3: 1108-19.

Spierings Eric ,Jos Drabbels, Mathhijs Hendriks,Jos Pool,Marijke Spruyt-Gerriste,Frans Claas ,and Els Goulmy.(2006) A Uniform Genomic Minor Histocompatibility Antigen Typing Methodology and Database Designed to Facilitate Clinical Applications. *Plos One;* 1:1-8.

Sterpetti Paola, Andrew A. Hack, Mariam P. Bashar, Brian Park, Sou-De Cheng, Joan **H. M. Knoll, Takeshi Urano, Larry A. Feig e Deniz Toksoz (1999)** Ativação do proto-oncogene do fator de troca Lbc Rho por truncagem de um terminal C alargado que regula a transformação e a orientação. *Mol. Cell. Biol*; 19(2): 1334-1345.

Terasaki PI, McClelland JD et al (1964) Microdroplet assay of human serum cytotoxins. *Nature*; 204: 998-1000.

Thomas ED, Lochte HL Jr, Lu WC, et al (1957) Intravenous infusion of bone marrow in patients receiving radiation and chemotherapy, *N Engl J Med*; 257: 491-6.

Tseng LH, Lin MT, Hansen J.A et al.(1999) Correlação entre a disparidade para o antigénio de histocompatibilidade menor HA-1 e o desenvolvimento de doença aguda do enxerto contra o hospedeiro após transplante de medula alogénico. *Sangue*; 94: 2911-14.

Uebel S, W.KRAAS, S.Kienle, K.H.Wiesmuller ,G.Jung, e R.Tampe.(1997) princípio de reconhecimento do transportador TAP revelado por bibliotecas combinatórias de péptidos. *Proc Natl. Acad.Sci.USA*; 94:8976-8891.

Warren EH, Otterud BE, Linterman RW, et al (2002) Viabilidade da utilização da análise de ligação genética para identificar os genes que codificam os antigénios de histocompatibilidade menor definidos pelas células T. *Tissue Antigens; 59*: 293-303

Warren D. Shlomchik (2007) Antigen presentation in GvHD in MHC-matched allogenic stem cell transplantation. *Nature Reviews immunology; 7:340-352.*

Welniak LA, Blazar BR, Murphy WJ. (2007) Imunobiologia do transplante alogénico de células estaminais hematopoiéticas. *Annu Rev Immunol*; 25: 139-70

Xin Feng, kwok min hui ,hasehem m,younes e Anthony G,Brickner. (2008) Targeting minor histocompatibility antigens in graft versus tumor or graft versus leukemia responses. *Tendências em imunologia*; 29(12):624-630.

Printed by Books on Demand GmbH, Norderstedt / Germany